V

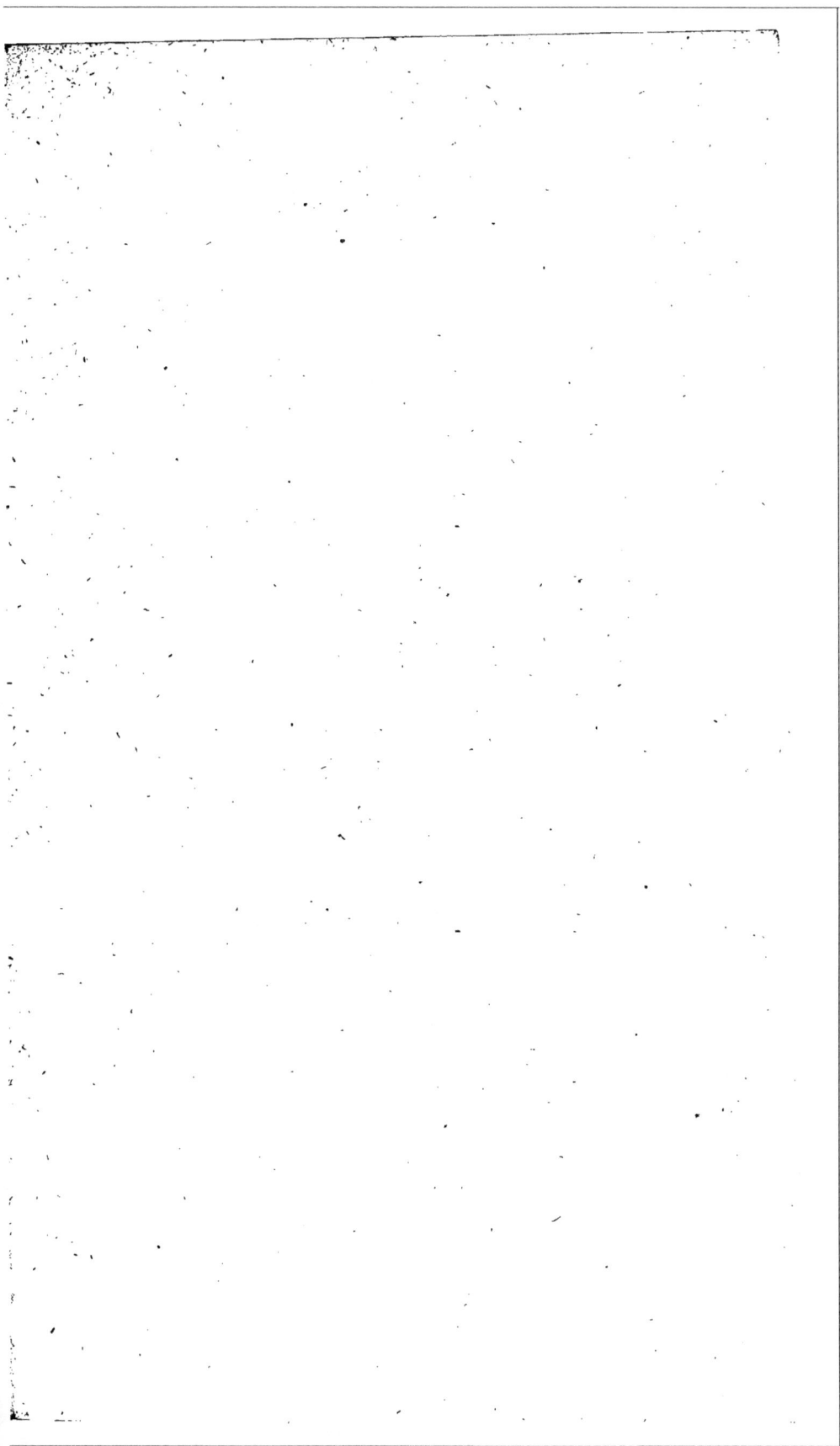

L'ART

DU

FABRICANT DE TABACS.

De l'Imprimerie de S.-A. HUGELET, rue des Fossés-
St-Jacques, N° 31.

L'ART

DU

FABRICANT DE TABACS,

Par M. B. de St-Martin,

ANCIEN MANUFACTURIER,

ENSUITE DES DESIRS DU GOUVERNEMENT.

CONTENANT:

La Connoissance des divers Tabacs, les différentes manières de le composer, soit pour la carotte, la poudre et la pipe, au goût des différens pays;

Les Moyens de tirer un parti avantageux des Caboches et Côte de Hollande et de Virginie.

A PARIS,

Chez Pichard, Libraire, quai Voltaire, n° 21;
Ou chez l'Auteur, vieille rue du Temple, n° 44.

1807.

Extrait de la Loi du 19 juillet 1793.

ARTICLE PREMIER. Les auteurs d'écrits en tous genres, &c., jouiront, durant leur vie entière, du droit exclusif de vendre, distribuer leurs ouvrages, & d'en céder la propriété en tout ou en partie.

ART. II. Leurs héritiers ou cessionnaires jouiront du même droit durant l'espace de dix ans après la mort des auteurs.

ART. III. Les officiers de paix, juges de paix, commissaires de police, seront tenus de faire confisquer, à la réquisition, & au profit des auteurs, compositeurs, peintres ou dessinateurs & autres, leurs héritiers ou cessionnaires, tous les exemplaires des éditions imprimées ou gravées, sans la permission formelle & par écrit des auteurs.

ART. IV. Tout contrefacteur sera tenu de payer, au véritable propriétaire, une somme équivalente au prix de trois mille exemplaires de l'édition originale.

ART. V. Tout débitant d'édition contrefaite, s'il n'est pas reconnu contrefacteur, sera tenu de payer au véritable propriétaire, une somme équivalente au prix de cinq cens exemplaires de l'édition originale.

Conformément à cette loi, je déclare que je poursuivrai devant les Tribunaux, les contrefacteurs & distributeurs d'exemplaires contrefaits, non signés de moi ou ayant droit.

AVERTISSEMENT.

Losqu'un objet est devenu de première nécessité par l'habitude que l'on en a contractée, c'est un service à rendre à la société que de lui indiquer la méthode d'en tirer le parti possible, lorsque des circonstances pénibles l'ont fait renchérir.

Les droits que l'on a mis sur le Tabac, ne permettent plus au Fabricant d'en sacrifier certaines parties pour chercher à améliorer sa méthode. Pour éviter de payer les droits sur les caboches, dont plusieurs ne savent tirer parti, on les coupe, avant de faire entrer les Tabacs en entrepôt ; mais il reste les côtes qui règnent le long des feuilles, et que l'on ne fait pas entrer dans les carottes, ce qui occasionne un déchet que l'on fait supporter à l'acquéreur ; si j'indique la manière d'en tirer parti, j'aurai mis le Fabricant en état de laisser son Tabac à meilleur compte : en lui faisant part de mes essais, de mon expérience, je

a 3

lui éviterai des peines, des incertitudes et des frais, voilà le but que je me suis proposé en faisant cet Ouvrage.

Les Fabricans, pour la plupart, manquent de théorie, ils la trouveront ici : en y joignant la pratique, ils travailleront avec succès, soit en adoptant ma méthode, soit en améliorant la leur, et j'espère qu'ils me sauront gré de mon travail.

Il est à croire que les Quinze-Vingts s'empresseront de suivre les règles que je vais tracer dans cet Ouvrage, pour faire disparoître le goût de poussière qui domine dans leur Tabac des Côtes.

INTRODUCTION.

Le grand Art du Fabricant de Tabacs est de connoître le Tabac, & d'en savoir distinguer les différéntes espèces ; de savoir faire les mélanges nécessaires pour faire de la bonne marchandise qui puisse convenir au goût de plusieurs pays ; car ils sont bien différents.

Les uns usent du tabac commun dont ils se contentent, pourvu qu'il ait de la force & du montant.

D'autres cherchent le bon Tabac ; mais les uns le veulent gros, ceux-ci le veulent d'un grain moyen, et enfin ceux-là le desirent fin : ici on le veut doux, & là, c'est de la force qu'on exige.

Il faut encore faire attention à la couleur & au goût ; on le veut ici très-noir & d'un goût naturel ; dans ce pays, c'est le jaune avec un goût odoriférant que l'on souhaite ; dans celui-là , on aime la couleur café.

Nous allons nous occuper d'instruire le Lecteur des moyens de faire des tabacs convenables aux divers pays.

Il est très-difficile de bien faire le tabac. Ce que je viens de dire ne suffit pas encore pour y parvenir ; il faut apprendre les moyens de le mûrir & de le conserver ; c'est ce que l'on fait par la fermentation bien suivie & l'apprêt.

L'ART

DU

FABRICANT DE TABACS.

Origine & Culture du Tabac.

L e tabac est originaire de Perse &
d'Amérique : dans cette dernière, il
porte le nom de Pétun, surtout au
Brésil & dans la Floride.

Les Espagnols, qui connurent cette
plante à tabago sur le golfe du Mexique, lui donnèrent le nom de Tabac
du lieu où ils l'avoient trouvé, & le
nom a prévalu sur tous les autres.

A

Mais il y avoit long-temps que l'on cultivoit cette plante en Perse.

Ce fut M. Nicot, Ambassadeur de France en Portugal, en 1560, qui, à son retour, en apporta à la Reine Catherine de Médicis ; ce qui la fit nommer en France Nicotiane, ou Herbe à la Reine. Elle s'introduisit ensuite dans toute l'Europe.

François Drach, fameux Capitaine anglais, qui conquit la Virginie, en enrichit son pays.

Le tabac n'étoit autrefois qu'une simple production sauvage d'un petit canton de l'Amérique ; mais depuis que les Européens ont contracté l'habitude d'en prendre, l'on a prodigieusement étendu sa culture.

Les lieux les plus renommés où cette plante croît, sont la Perse, Vérine, le Brésil, Bornéo, la Virginie, le Mexique, le Mariland, la Louisiane, l'Italie, l'Espagne, la Hollande.

Le tabac vient dans une terre grasse

& humide, exposée au midi, labourée
& engraissée avec du fumier consom-
mé ; on le sème en France à la fin de
mars. On fait un petit trou en terre
de la longueur du doigt, on y jette dix
à douze graines de tabac, & l'on recou-
vre le trou. Lorsqu'il est levé, on doit
arroser la plante pendant la séche-
resse, & la couvrir avec des paillas-
sons dans le grand froid. Comme cha-
que grain pousse une tige, on doit sé-
parer les racines. Lorsque les tiges
sont hautes d'environ trois pieds, on
coupe le sommet, avant la floraison,
afin qu'elles se fortifient, & l'on arra-
che celles qui sont piquées des vers,
qui veulent pourrir.

On connoît que les feuilles sont mû-
res, quand elles se détachent facilement de la plante, qu'elles se cassent,
& que, froissées, elles exhalent déjà
une odeur pénétrante. On doit alors
cueillir les plus belles, les enfiler par
la tête, en faire des paquets, & les

mettre sécher dans un grenier. On laisse la tige en terre pour donner le temps aux autres feuilles de mûrir. Dans les pays qui lui sont propres, cette plante ne demande pas toutes ces précautions.

Les tabacs que l'on employe le plus en France, sont ceux d'Alsace, de Flandre & de Hollande.

Tabac d'Alsace.

Le tabac d'Alsace a un goût particulier, un peu vineux; il a les côtes grosses comme le chanvre mâle; il est noir, gras; la feuille en est très-large, elle a d'ordinaire 12 pouces de long; c'est celui de la première récolte.

Celui de la seconde récolte est ordinairement maigre & d'une couleur moins noire, sans beaucoup d'odeur. Il est dangereux de l'employer, & n'est bon que pour le tabac à fumer.

Le tabac d'Alsace étant difficile à

conserver, il faut faire attention, lorsqu'on le reçoit, s'il n'est pas gâté ou
moisi : ce seroit alors un tabac à brûler.

On le reçoit ordinairement lié en
paquets avec des feuilles & dans des
bâches.

A la réception, il faut avoir soin
de le placer dans un lieu sec où on l'é-
tend, parce que si on l'entassoit, il
s'échaufferoit. Il faut l'écôter avant de
s'en servir.

Tabac de Flandre.

Le tabac de Flandre, qui est préfé-
rable à celui de Strasbourg, a d'ailleurs
un goût plus agréable. Il se conserve
mieux ; mais il demande encore bien
des soins.

Les feuilles de la première récolte
sont larges, longues d'un pied & demi,
grasses, & d'une couleur mordorée.

Celles de la seconde sont jaunes,
maigres & de peu de valeur. Elles sont

la plupart très-petites, & ne peuvent servir que pour fumer; ce sont les sa-vonettes.

Les Flamands enfilent toutes leurs feuilles, les unes après les autres, pour les mettre en paquets, & les envoyent en bâches; d'après cela, il est facile de ne pas s'y tromper.

Ce tabac exige les mêmes soins & les mêmes précautions que celui d'Alsace.

Il faut en faire sa provision en été, parce que le tabac, étant sec, pèse moins & n'est pas si susceptible de se gâter.

Tabac de Hollande.

Le tabac de Hollande est meilleur que les deux précédens; il est d'une plus forte consistance, les feuilles sont mieux nourries, plus longues, les cô-tes sont plus petites, & conséquem-ment il y a moins de déchet, & moins de risque.

Les feuilles sont d'une belle couleur mordorée, veinées, & d'un goût
agréable.

Les Hollandais fendent toutes leurs
feuilles, après la récolte, pour les placer sur des cordes, afin de les sécher ;
ainsi le tabac de Hollande se recon-
noît facilement ; le meilleur est celui
d'Amersfort.

En général, lorsqu'on ne peut aller
soi-même choisir les tabacs dont on a
besoin, il vaut mieux s'adresser à un
courtier pour cette partie, qu'au vendeur même, parce que le courtier, pour
avoir sa commission, & mériter votre
confiance, craindra de vous tromper.

Parmi les tabacs étrangers, celui de
Perse, qui nous vient par la Turquie,
est le meilleur. Les feuilles sont, en
bottes, sans aucune préparation. Les
Persans le vendent sans le faire suer.

Tabac d'Espagne.

Le tabac d'Espagne ou de Séville,

que l'on tire de Marseille ou de Barcelone, est un tabac jaune, d'une très-agréable odeur, visqueux & doux au toucher.

Tabac des Iles.

Le tabac du Brésil a les feuilles amples, sans queue, velues, nerveuses, de couleur vert-pâle, un peu jaunâtres, glutineuses au toucher; elles teignent la salive.

Le tabac est une plante annuelle, mais au Brésil, elle dure 12 ans, & fleurit toute l'année.

Le tabac du Brésil en cordes se vend à la livre, à Amsterdam ou à Anvers. On accorde six livres de tare par suron, deux pour cent pour le bon poids, & un pour cent pour le prompt paiement.

Le tabac du Mexique a les feuilles oblongues, grasses, de couleur verte-brunâtres, & attachées à des queues courtes.

Le

Le tabac de Vérine, en corde ou en rouleau, se vend à la livre ; la tare est d'une livre par rouleau, deux pour cent pour le bon poids, & un pour cent pour le prompt paiement. On s'en procure par Anvers.

Tabac de Virginie.

Le tabac de Virginie ou le Pétun des Amazones, est le tabac le meilleur pour la poudre noire, & dont on se sert le plus généralement en France.

Ses feuilles sont plus étroites que celles des autres, plus pointues, & attachées à leurs tiges par des queues assez longues, qu'on nomme têtes ou caboches.

Elles sont épaisses, charnues, fortes, visqueuses & douces au toucher ; leur largeur n'est que de huit pouces, la longueur va jusqu'à vingt-six pouces ; c'est ce peu de largeur sur tant de longueur, qui a fait donner le nom de tabac à langue à cette espèce.

B

Les Colons le font suer après la récolte, & l'entassent dans des boucauds
ou gros tonneaux, & l'y pressant, en
font comme une meule, pesant au
moins un mille, poids de marc, chacune. Ils sont tous troués pour donner
de l'air au tabac.

Le boucaud qui n'est pas ainsi, est
un boucaud refait, c'est-à-dire, que le
vendeur a pris les bonnes feuilles, &
a réformé le boucaud des feuilles maigres & médiocres.

Il faut donc toujours défaire le boucaud, avant de le recevoir, afin de
voir s'il ne renferme pas du tabac ava-
rié, & si le milieu est de la même qualité que le dessus.

Une belle feuille de Virginie étant
ouverte, doit avoir quinze pouces de
long & sept de large : elle doit être
grasse, brune, veinée, luisante, & d'un
haut goût.

Celle d'une couleur mordorée, luisante, grasse, est la seconde qualité;

elle a ordinairement un goût vineux
ou d'anis étoilé.

La troisième qualité est jaune, maigre, & ne peut servir que pour le tabac à fumer, ou à faire du tabac jaune,
auquel cependant on peut donner une
couleur brune.

Le tabac de Virginie se vend par
boucauds ou futailles; on déduit la tare
de la futaille, & l'on donne huit pour
cent pour les côtes, un pour cent pour
bon poids, & autant pour le prompt
paiement.

Il faut encore bien savoir distinguer
si le tabac est vieux ou nouveau; cela
se sent au goût qui n'est pas formé.

Le tabac vieux se connoît par les
petites taches blanches qui s'y forment
de vétusté. Il a un goût fait, tandis que
le nouveau ne sent que le verd. Le
haut goût est toujours vieux, parce
qu'il ne s'acquiert qu'en vieillissant.

Lorsqu'on a reçu du Tabac de Virginie, il faut avoir soin de défoncer les

boucauds, & de défaire les meules, dans la crainte qu'il ne s'échauffe ou ne se gâte. On peut cependant le garder en boucaud, mais dans un endroit frais & non humide.

Plusieurs fabricans qui ne font pas de tabacs en carottes, employent le Virginie sans l'écôter, mais il faut toujours au moins couper les caboches, pour faire le tabac de première qualité, afin qu'on n'y voye pas de pailles ; les tabacs indigènes avec lesquels on le mélange, en produisant déjà trop ; on ne les jette pas pour cela, on les moud, pour les employer dans les tabacs de dernière qualité.

Pour faire le tabac en carottes, il faut écôter le tabac de Virginie ; plusieurs cependant ne coupent que les caboches ; mais les carottes ne sont pas si appréciées.

Mélange.

Le fabricant de tabacs doit savoir

bien mélanger ses feuilles, afin d'avoir toujours un tabac pareil; car il se discrédite, lorsque le goût de son tabac varie, auprès de ceux qu'il y a accoutumés.

Lorsque son tabac sera de première qualité, il pourra faire les mélanges que je vais lui indiquer ; mais si son Virginie n'est pas de première qualité, il devra en mettre davantage; ce sera de même, si ses qualités indigènes sont médiocres. Moitié Virginie haut goût, un quart Amersfort, un quart Alsace ou Flandre, selon le pays; ce mélange feroit un tabac délicieux qui, s'il étoit bien préparé et vieux, seroit bon à mettre en bouteilles.

Un tabac composé de moitié Virginie haut goût, moitié Flandre, première qualité, doit faire un tabac, première qualité, de la maison Longueville ou du Hâvre, s'il est bien fait & préparé de même.

Si le tabac Virginie n'est que

de seconde qualité, il faudra, pour
une qualité première, faire le mélange moitié Virginie, un quart Hollande, et un quart Flandre. Ce tabac
bien fait, sera bon à mettre en boîtes
de plomb; car vous ferez un bon tabac, vente ordinaire, avec moitié feuilles Virginie, deuxième qualité, & moitié Flandre, première qualité. Dans
certains pays, comme dans les départements du Mont-Tonnère, de la Sarre,
des Haut & Bas-Rhin, la Mozelle, la
Meurthe, les Vosges, la Haute-Marne,
la Meuse, les Forêts, les Ardennes, la
Côte-d'Or & la Suisse, on préfère les
feuilles d'Alsace à celles de Flandre;
cependant si le tabac Virginie a le goût
vineux, il ne faudra pas employer l'Alsace qui l'a déja, le tabac n'auroit pas
un bon goût. Un tabac fait avec le mélange que je viens d'indiquer, passera
partout, s'il est bien fabriqué, pour
première qualité marchande. Il n'y
aura que le goût en vogue dans le pays

où l'on desire vendre, qu'il faudra lui donner.

Mais c'est moins par la diversité des feuilles que par la préparation qu'on leur fait subir, que l'on parvient à faire cette diversité de tabacs connus sous les noms de la Ferme, du Hâvre, &c.

Il n'y a que le tabac de Séville & de la Havane qui n'exige aucune odeur dans le sirop.

Tel fera du tabac passable avec des feuilles Virginie, bonne qualité, & de bonnes feuilles de Flandre, à égale quantité, tandis que celui qui employera des feuilles Virginie, haut goût, & qui les mélangera seulement d'un quart Amersfort, ne fera pas un tabac aussi bon, s'il ne sait pas le fabriquer; il sera même détestable.

Savoir bien faire ses mélanges, savoir bien préparer, humecter, faire fermenter & apprêter le tabac, voilà le grand art du fabricant.

Un tabac sera bientôt vieux, lors-

que ces choses auront été bien obser-
vées; tandis que celui qui ne saura pas
bien faire fermenter ses feuilles, aura
toujours un tabac verd, & un tabac qui
se gâtera.

Celui qui veut faire fabriquer du
tabac, doit donc savoir connoître le
vrai degré de fermentation qu'il exige.
C'est par la pratique que cela s'ap-
prend, il faut suivre cette fermentation, & en juger soi-même. On ne peut
s'en rapporter a un ouvrier, à moins
qu'il ne soit bien instruit, encore cela
est-il dangereux.

Il y a des fabricans qui ne font que
du tabac en poudre, ils le vendent
dans le pays où l'on n'est pas en usage
d'acheter du tabac en billes. En général, depuis deux ans, on vend plus de
tabacs en poudre qu'en billes, parce
que le marchand éprouve moins de
déchet, est moins susceptible d'être
trompé, & n'a pas le mal de faire moudre les carottes. On a été dégoûté des

tabacs en billes, parce que les fabricans les vendoient toujours, avant
qu'elles ne soient vieilles, & le marchand qui avoit une carotte humide,
étoit forcé de la laisser sécher un an,
avant de l'employer.

La fabrication des carottes exige
bien plus de fonds que celle du tabac
en poudre, tant à cause des presses
dispendieuses, & des préparatifs nécessaires à la carotte, que parce qu'il faut
la garder plus long-temps dans son ma-
gasin, avant de pouvoir la vendre.

Les fabricans de tabacs qui n'ont
pas beaucoup de fonds, ne doivent
donc pas faire de tabacs en carottes,
mais en acheter seulement pour s'as-
sortir, ayant soin de les demander
vieilles, & en observant qu'on les
laissera à la disposition du vendeur, si
elles sont humides; ce que l'on fera
constater à leur arrivée, en pressurant
la carotte, pour en faire sortir le sirop; ce qui n'arrivera pas, si elle est

vieille, bien pressurée & bien res-
suyée.

Plusieurs fabricans de tabacs ne
font leurs mélanges qu'après avoir réduit les feuilles en poudre , & à fur
à mesure des ventes , ce sont ceux qui
sont bornés dans leurs moyens ; car ,
comme ils ignorent la qualité qui leur
sera demandée, ils ne se trouvent pas
par cette réserve au dépourvu.

Cependant lorsque les feuilles sont
mélangées, avant de les réduire en
poudre, le tabac est meilleur ; car, en
le travaillant, les goûts se mêlent, &
c'est d'ailleurs une économie : je vais
le prouver.

Réduisez en poudre un tabac maigre, il y aura plus de poussière et d'é-
vaporation ; si vous le mélangez avec
un tabac gras, cette évaporation n'exis-
tera pas.

Une autre raison encore, c'est que
si vous faites travailler vos feuilles sé-
parément, les ouvriers vous voleront

plutôt une livre de tabacs de Virginie qu'une livre de tabac indigène, & en ne leur donnant que des feuilles mélangées, la livre de tabac qu'ils prendront peut-être, sera pour vous une moindre perte.

C'est une bonne précaution que de faire enfermer les ouvriers dans leur laboratoire, & de les faire fouiller, lorsqu'ils en sortent, par des personnes de confiance.

Le propriétaire d'une manufacture doit toujours placer son bureau, de manière à voir tout ce qui entre, & qui sort des magasins.

Cependant il fera bien de faire moudre du tabac indigène & d'Amersfort à part, pour en ajouter dans ses tabacs de première & seconde qualité, au besoin.

Maintenant il faut que je dise comment on doit humecter le tabac.

Huméctation.

Il est très-essentiel de connoître le vrai degré d'humectation qu'exigent les feuilles; les grasses ne demandent pas à être humectées autant que les maigres.

Il vaut mieux que le tabac soit moins humecté que trop, parce qu'on peut suppléer au défaut, & qu'il n'est pas possible d'ôter le trop de sirop : il y a cependant moyen d'y remédier, c'est celui d'ajouter plus de feuilles ou plus de tabac.

Pour humecter le tabac en feuilles, il faut choisir une chambre pavée, faire un plancher bien joint sur le pavé, & l'entourer d'un rebord un peu élevé, fait de manière que la sauce ne puisse couler. On y pratique deux couloirs, pour faire sortir la sauce à volonté dans un large bassin fait exprès. Le plancher est divisé en deux, parce que, quand les feuilles ont resté un certain temps dans la première séparation, il faut les replacer dans la seconde, en mettant le dessus dessous, & les côtés dans le milieu, afin que toutes soient humectées & fermentent également : on rejette sur les feuilles la sauce qui a passé par les couloirs.

C'est le sirop dont on humecte les feuilles, & les ingrédiens que l'on y met, qui font fermenter le tabac, le vieillissent, lui ôtent son âcreté, & lui donnent le goût que l'on desire : il faut donc savoir bien le composer.

Si l'on ne veut pas faire des tabacs en billes, il faut se garder d'humecter les feuilles : on doit les éplucher pour ôter celles qui sont gâtées, & lorsque l'on a fait couper les caboches ou têtes, les faire moudre. L'on doit croire qu'elles se réduiront bien plus facilement, avant d'être humectées qu'après.

Pour humecter le tabac réduit en poudre, il faut l'étendre sur une table, & répandre dessus le sirop le plus également possible. On doit faire ensuite bien écraser la poudre avec une planche de l'épaisseur du doigt, longue d'un pied, large de trois pouces, sur laquelle il y aura une poignée pour s'en servir avec les deux mains. Lorsque le tabac aura été bien écrasé à fur à mesure, il faudra en prendre dans la main & l'y presser : si l'on remarque qu'il s'y pelote facilement, il sera assez humecté ; dans le cas contraire, on doit l'arroser encore, & faire écraser de nouveau ; cette opération réitérée ne lui fera que mieux prendre le sirop. Il faut le mettre ensuite dans un tamis attaché au plancher au-dessus d'une table à rebord, & faire tamiser. Après cette opération, on le jette, & on le foule dans la caisse où il devra fermenter; puis on procède sur une seconde tablée.

Lorsque ce sont des feuilles que l'on humecte, on doit tâter si elles sont suffisamment imprégnées ; & lorsqu'on s'apperçoit qu'elles ne peuvent plus recevoir de sirop, on les fait placer dans un local destiné pour la fermentation.

Il n'est pas inutile de dire que, comme certaines eaux sont plus propres que les autres à la fabrication des draps, quelques - unes sont encore plus propres que les autres à la fabrication du tabac : quelquefois elles obligent à d'autres combinaisons.

Préparation, sirop.

De tous les essais que j'ai fais faire, voici celui qui m'a le mieux réussi.

Je fis mélanger 2000 feuilles de Virginie avec 1000 livres indigènes : je les fis réduire en poudre ensuite.

Lorsque le travail fut fait, j'imaginai d'humecter la poudre avec un sirop qui puisse en corriger l'âcreté, lui donner de la douceur, une odeur agréable, & d'y mêler des sels propres à exciter la fermentation, pour lui faire passer le goût de verd & le vieillir.

Je pris six quintaux d'eau, je fis bouillir dedans, pendant deux heures (ce que j'aurois pu faire dans une chaudière d'eau), 30 livres tamarin du Levant, 15 livres de sirop mélasse.

Un quart-d'heure avant-de le retirer du feu, je jettai dedans pour faire bouillir, 2 livres bois de rose, 1 livre graine de paradis, 1 livre cubébe; 1 livre d'anis étoilé; je fis passer ensuite le sirop dans un baquet, avec un tamis en laiton : il avoit l'odeur la plus agréable.

Pour exciter la fermentation, & forcer mon tabac à se dépouiller de son âcreté, je jettai dans cette sauce, 36 livres de sel ammoniac, que je fis écraser & moudre.

Lorsque cette sauce fut douce, je fis étendre mon tabac sur une table, & j'en fis verser dessus; on l'écrasa, comme j'ai dit plus haut, & il fut tamisé ensuite;

ensuite ; enfin je le fis entasser dans la
caisse où il devoit fermenter ; & je fis
travailler les autres tablées de même.
Quinze jours après, le tabac com-
mença à suer ; je fis essuyer le couvercle & les bords de la caisse, & huit
jours après, je le fis transvaser dans
une caisse voisine ; il embaumoit la
chambre.

Je fermai la caisse ; mais au bout de
quatre jours, ayant remarqué que la
fermentation recommençoit, je fis essuyer soigneusement le couvercle,
d'heure en heure ; je le laissai ainsi pendant quinze jours ; après quoi je le fis
transvaser encore : alors la fermentation diminua progressivement, & je le
laissai dans cette dernière caisse jusqu'à ce qu'il fut un peu froid. Le tabac avoit perdu son âcreté & son goût
de verd ; il étoit délicieux. Je le fis retirer de la caisse, & étendre sur un plancher bien propre & bien joint, où je
le laissai reposer dix jours, après quoi

C

je le fis apprêter. Il y avoit alors deux mois & demi qu'on le soignoit.

Deux quintaux furent étendus sur une table; dix livres de sel ordinaire bien écrâsé, avec deux livres de sel de nitre furent tamisées dessus, & j'y répandis quelques gouttes par-ci par-là, d'essence de sel ammoniac. Il fut ensuite bien écrâsé, tamisé & mis dans la caisse d'où il ne devoit plus sortir que pour être vendu. Je l'y laissai un mois, sans y toucher, & j'en fis mettre en boîtes de plomb: c'étoit en 1802. J'en ai encore, & on le trouve délicieux.

Ce tabac avoit diminué de poids par l'écotage & le moulage; lorsqu'il fut fait, la caisse me rendit, au lieu de 3000 liv., 3830 liv.

Le Virginie me coûtoit 100 liv. le cent, & l'Alsace 30 liv. J'avois payé, pour frais de transport, 650 liv., & pour l'écotage, 25 liv., ce qui me faisoit. . . . . 2975 l.

Ci. . . . . 2975 l.

Un ouvrier seul me le hacha, tamisa & moulu dans 15 jours, avec la mécanique que j'ai inventée, & cette besogne me coûta. 30

Les autres ouvrages me coûtèrent avec le sirop. 400

Je dépensai, pour le faire mettre en boîtes de plomb. . 525

Ci. . . . . 3930 l.

Je vendis bientôt 3630 boîtes pour 9075 liv., & j'en réservai deux cens environ. J'en vendis en 1804, à raison de 4 liv. chacune. Le tabac non-seulement s'étoit bien conservé, mais il s'étoit amélioré d'une manière bien sensible.

Autre Essai.

Le premier nivôse an 12, je fis un autre essai: je mélangeai 1200 livres de Virginie avec 120 livres d'Alsace non fermenté. Je composai mon sirop de 24 livres de tamarin du Levant , 12 livres de sirop mélasse , une demi-livre d'anis étoilé , une demi - livre cubébe , 24 livres de sel ammoniac & 30 livres de potasse. Je fis un bon tabac, en le faisant préparer comme le premier, mais je ne le mis en vente qu'au bout de trois mois, pour lui faire passer, par le repos, un goût désagréable que le trop de potasse lui avoit donné.

Je n'aurois dû y mettre que 18 livres de potasse. Cependant il se bonifia, & je le vendis 44 sous la livre, après l'avoir fait apprêter de nouveau , avec une livre de sel de nitre par quintal.

La réputation & l'habitude souvent font le mérite du tabac, aussi entend-on vanter par-tout celui de la Ferme.

J'ai voulu savoir comment il étoit fait, & j'en ai décomposé une livre que je m'étois procuré.

D'abord le mélange étoit bien fait, & je suis assuré qu'il n'y avoit que du tabac de Virginie. Le sel ammoniac, le sel de tartre, le sel ordinaire, mis probablement dans l'apprêt avec du salpêtre, sont les sels que j'y ai distingués.

J'essayai de faire un tabac pareil; je réussis, en mettant par quintal une livre de sel ammoniac & autant de sel de tartre, une livre de tamarin du Levant & autant de mélasse, un huitième de storax en pain, & pareille quantité de canelle blanche.

Je le fis fermenter à la manière précitée, & je l'apprêtai avec cinq livres de sel ordinaire, deux livres de salpêtre & une once d'alkali volatil, & je vous assure qu'il n'y avoit pas grande différence; il eut été tout-à-fait semblable, si j'eusse fait fermenter au moins dix milliers à-la-fois.

Je connois les secrets des principales fabriques; mais je ne puis, ni je ne dois les divulguer.

Un chimiste qui aura quelques connoissances de la fabrication du tabac, devinera facilement, à peu de chose près, sa composition.

Une des maisons qui fabriquent le mieux en France, est, sans contredit, celle des Messieurs Robillard, Maison Longueville ; mais on craindroit d'adopter leur méthode, qui est bien simple, tant on tient aux anciennes habitudes. Je n'indiquerai pas encore la méthode que j'ai trouvée, après bien des épreuves, pour totalement ôter le goût aux tabacs indigènes, attendu qu'il n'y a qu'un chimiste qui puisse l'employer, & qu'elle demande des soins très - assidus, & une connoissance parfaite du règne végétal.

Tabac St-Vincent.

Pour faire un bon tabac St-Vincent, en carottes ou en poudre, qui pourra servir au besoin à bonifier les autres qualités, il faut mélanger des feuilles Virginie haut goût, avec pareille quan-

tité d'Amersfort , & les humecter avec
le sirop que je vais indiquer pour un
quintal : une livre de sirop mélasse,
une livre de miel, une livre de jus de
réglisse, une livre de raisin de Corinthe ; y jeter, après l'avoir fait bouillir
une heure, une livre de vinaigre rouge,
une demi once vanille , une demi
once macis , que l'on ne fera que
faire frissonner une demi heure.

Lorsque ce sirop sera passé, il faudra y mettre une livre de sel ammoniac,
une livre de sel de tartre; ce tabac ,
qui sera gras, n'exigera pas beaucoup
d'eau: il n'y entrera guère que 25 livres par cent; également il ne faudra
pas beaucoup de sel pour l'apprêter ;
mais seulement 3 livres, avec une livre
de sel de nitre. On pourra répandre ,
si on le juge à propos , un demi gros
d'huile de rose.

On peut faire des carottes, façon St-
Vincent, en mettant dans le mélange ,
du tabac indigène; mais il faudra aug-

menter à proportion la mélasse le vinaigre, la vanille, l'eau & le sel.

Il n'est pas inutile de vous observer que plus votre tabac sera vieux, plus la sueur sera lente à se déclarer & à se développer : alors il faudra un peu augmenter la dose de sel ammoniac.

Fabrication du Tabac de Hollande.

Dans le bon Scholten en carottes ou en poudre, il ne doit y entrer que du tabac de Hollande.

On peut mettre dans la seconde qualité un quart Flandre, & mélanger ce dernier avec pareille quantité de Hollande, pour une troisième contre-façon : mais quel que soit le mélange, il faudra toujours composer son sirop avec deux livres tamarin de Hollande & deux livres mélasse; y jetter, avant de le retirer du feu, une demi once safran, & autant de macis; & enfin après l'avoir passé, une livre de sel ammoniac, & pareille quantité de sel de tartre.

Il faudra faire fermenter comme à l'ordinaire ; mais pour la première qualité , on ne mettra dans l'apprêt que quatre livres de sel , & une livre de nitre.

Le tabac suera au bout de huit jours , & toujours en augmentant : on aura soin de le transvaser comme les autres : dans deux mois il sera fait.

Tabac à la Violette.

Quelquefois on désire du tabac à la violette. On peut en faire à fur-à-mesure des demandes , avec un tabac dans lequel il n'y aura pas d'odeur sensible , en répandant dessus , une demi-livre , par quintal , d'iris de Florance avec de l'escence de violette.

Le tabac à la Civette se fait de même , en répandant avec ménagement de cette odeur sur le tabac.

Mais je dois passer rapidement sur ces tabacs , qui ne sont que des bizarreries du goût : traitons plutôt d'objets plus essentiels.

Tabac d'Espagne, Macoubac.

Le tabac d'Espagne se fait en réduisant en poudre superfine, des feuilles de Séville, ou de la Havane, avec une égale quantité d'amers fort; si l'on n'employe pas le Séville seul.

On l'humecte seulement avec de l'eau, dans laquelle on aura fait bouillir de la mélasse pendant une heure, & dans laquelle on jette une livre de sel ammoniac pour un quintal de tabac,

, l'orsqu'il y a de l'amersfort.

Je vais maintenant indiquer comment on peut avantageusement employer les côtes longues de Virginie.

Il faut d'abord les moudre extrêmement fines, afin qu'on n'y voye point de pailles. C'est un ouvrage difficile à faire, & il faudroit une mécanique comme celle que j'ai inventée pour en tirer un grand avantage. D'abord c'est qu'on pourroit facilement en moudre cinq quintaux par jour avec deux hommes; au surplus, cette mécanique n'est pas dispendieuse, & peut être employée partout.

Cette poudre sera bonne pour mélanger avec des feuilles de Flandre & de Hollande, faire du tabac jaune & du maroco, qui conviennent dans l'Italie, le Piémont, la Suisse, l'Allemagne & une partie de la France, surtout dans la Franche-Comté, le Mont-Blanc & pays voisins, dans la Normandie, & dans tous les endroits où plait le tabac jaune; & où on le vendra aussi bien que l'autre, lorsqu'on saura la manière de le faire.

Il y a beaucoup de force dans la côte de Virginie, & même plus que dans la feuille: ainsi, en mélangeant ces côtes avec le tabac indigène, le goût de celui-ci disparoîtra; & si l'on a soin de bien faire écoter les feuilles, & de bien réduire les côtes, on ne s'appercevra pas qu'il y en a dans le tabac.

Un mélange de feuilles de Flandre & de côtes, à quantité égale, ou de Hollande & de côtes, produira une poudre d'un assez bon goût. Il pourra y entrer 50 liv. d'eau par quintal, mais il faudra faire le sirop comme il suit:

Deux livres tamarin du levant & autant de mélasse; y jetter, en le retirant, *2/ gouttes essence de Rhodes* une once macis, avec un huitième canelle blanche. Lorsqu'il sera passé on y mettra:

Une liv. sel ammoniac & autant de tartre.

Il faut observer que le tartre ne se fond que dans un volume d'eau vingt fois plus considérable que son poids: ainsi, pour faire fondre une livre de tartre, il faut au moins vingt livres d'eau.

Suivre pour la fermentation les mêmes procédés que j'ai indiqués.

Ce tabac ne tardera pas long-temps à suer : la sueur se développera même très-promptement , & avec force.

L'apprêt consistera dans six livres de sel ordinaire, deux livres de nitre, & une once d'esprit de sel ammoniac, par quintal.

Maroco.

Le Maroco qui a vogue dans le nord de l'Europe , dans toute l'Allemagne & la Suisse , & qui se vend en boîtes de plomb, doit être composé ainsi qu'il suit :

Moitié feuilles Virginie.
Moitié Alsace.

Deuxieme qualité.

Moitié côtes Virginie.
Moitié Alsace.

On fera bien de faire le mélange, avant de réduire en poudre qui sera aussi fine que celle d'Espagne.

Pour le sirop que l'on pourra faire

dans trois seaux d'eau , sauf ensuite, à le mélanger dans la quantité d'eau nécessaire , & en observant que la deuxième qualité exigera cinquante livres d'eau ;

Il dévra être composé, par cent livres , d'une livre mélasse ; de pareille quantité de jus de réglisse & de raisin de caisse , avec deux fèves de Tunquin , doublant la dôse pour la seconde qualité.

Lorsqu'il aura bouilli une heure & demie , il sera nécessaire d'y jetter, pour lui donner de l'odeur, après l'avoir fait passer.

Deux prises de safran ,

, avec une livre vinaigre rouge , autant de sel ammoniac & de tartre.

Les procédés pour la fermentation sont les mêmes que ceux déja indiqués; on doit l'apprêter avec cinq livres de sel ordinaire , & deux livres salpêtre. Cela suffira pour le tenir frais, & le

conserver. On aura soin de lui donner
une couleur mordorée.

Avec les côtes de Virginie, on peut
encore faire un tabac commun qui se
vendra facilement sur la rive gauche
du Rhin, dans les Ardennes, les Forêts,
la Suisse, la Mozelle, la Meuse, les
Vosges, la Meurthe, la Haute-Marne,
du côté de Laon, Cambray, St Quentin.

Tabacs noirs avec les côtes.

Il faut mélanger trois quarts Alsace
gras & noir, avec un quart côtes
Virginie.

On pourroit encore le composer de
moitié l'un, & moitié l'autre, & noircir
le tabac en l'apprêtant.

Il faudra humecter avec un sirop,
ainsi qu'il suit :

Deux livres mélasse, autant de tamarin du levant, & une racine de
campane par quintal ; il faudra y jetter
ensuite pour faire frissonner, une once

cubèbe, autant de graines de paradis

avec deux fèves de Tunquin.

Toutes ces odeurs mélangées ensemble écarteront le goût d'Alsace. Il n'y aura besoin, pour le faire fermenter, que d'y mettre une livre de sel ammoniac, & autant de potasse fine calcinée.

L'apprêt consistera dans six livres de sel ordinaire, & deux livres de nitre, il sera bon en l'apprêtant, de répandre dessus, quelques gouttes d'essence de sel ammoniac.

Quelques-uns joignent au tamarin, pour composer leur sirop, une pareille quantité de *Cassia fistula Alexandrina*, c'est-à-dire, de casse orientale. Son écorce est mince, noire : la moelle en est douce & agréable au goût, grasse, d'un noir vif. Elle contient beaucoup de flegme, de sel essentiel & d'huile. Elle vient en France par Marseille.

Je

Je ne l'ai pas indiqué, parce qu'il est difficile de s'en procurer de la bonne & de la véritable. Les marchands, pour la conserver, ont coutume de la placer dans leurs caves, ou quelqu'autre endroit humide, où ils la couvrent de sable, & y jettent de l'eau, afin que les gousses paroissent plus pleines & plus nouvelles ; mais elle s'y aigrit bientôt, & s'y moisit.

Ce n'est pas encore là le plus grand inconvénient, parce qu'on pourroit choisir les gousses qui sont pésantes, pleines, qui ne résonnent pas au-dedans, & dont les graines ne font point de bruit, lorsqu'on les secoue ; mais on vend souvent de la casse occidentale ou d'Amérique, pour la casse du levant. Cependant il est facile de la distinguer.

La casse occidentale a l'écorce épaisse, plus rude, ridée, & la moelle en est âcre, & désagréable au goût.

Conservation des Tabacs.

La meilleure manière de conserver

D

le tabac, est de le placer, non dans un endroit humide, mais dans un lieu où le soleil ne pénètre pas, & s'il est possible, dans un sellier nitreux; il s'y bonifie.

Lorsque, pendant l'été, on s'apperçoit que le tabac veut s'échauffer, ce qui n'arrivera que très-rarement, en suivant les procédés que je viens d'indiquer, il faut l'étendre sur une table, & après avoir écrasé une livre de sel de nitre, en saupoudrer un quintal de tabac : on doit y répandre aussi, pour réveiller la sève, quelques gouttes d'essence de sel ammoniac, le faire bien écrâser & tamiser.

Si le tabac n'a perdu que la sève, il suffira d'y mettre du sel ammoniac & de l'essence, suivant le goût qu'on voudra lui donner.

Lorsque le tabac s'échauffe beaucoup, c'est une preuve qu'il contient un grand mélange d'indigène, & qu'il a été fabriqué sans théorie, & par suite

d'une mauvaise méthode : alors, pour
en tirer parti, il faut le refaire ; mais
encore faudroit-il pouvoir en connoître
la composition ; chose qui ne seroit
facile qu'à un fabricant, ayant des
principes de chimie.

Il n'est pas inutile d'observer encore
une fois, que la chose à laquelle on
doit le plus être attentif, est la fermentation : peu de gens s'y connaissent
bien ; c'est d'elle cependant que dépend
la bonté, & la conservation du tabac
qui doit être assez fermenté, mais pas
trop. Je ne puis donner de règles pré-
cises à ce sujet ; il faut de l'expérience,
& non seulement de la théorie.

Tabac à fumer.

Il me reste maintenant à indiquer
la manière de faire les différentes
sortes de tabacs à fumer.

Ceux qui ont le plus de vogue, sont
les Cigares, le Scaferlaty, le tabac en
boudin, le Scaferlaty anglais, le Ca-

valier noir, le Kanaster, le Mariland, la Louisiane, le tabac de Turquie, les Trois - Rois & l'Etoile.

Les neuf premiers ont vogue dans toute la France, l'Italie, l'Espagne, la Suisse, l'Allemagne & la Russie : les deux derniers sur la rive gauche du Rhin, les départements de la Sarre, de la Mozelle, des Vosges, de la Meurthe, de la haute Marne & de la Meuse.

On peut en vendre aussi dans toute la France & même à Paris, parce que ce sont des tabacs communs & peu chers.

Tabac Scaferlaty Anglais.

Le Fabricant qui veut faire du Scaferlaty, doit avoir une mécanique pour couper les feuilles longues & très fines. Il humectera les feuilles anglaises ou de Virginie, déchiquetées comme ci-dessus, avec un sirop composé, pour un quintal, de deux livres vin rouge, une livre raisin de Corinthe,

& pareille quantité de sucre candi & de tamarin.

On fait bouillir le tout dans douze livres d'eau, pendant une heure, & l'on y jette ensuite, pour faire frissonner une demi-heure, une once storax, & autant de macis.

On humecte avec une brosse que l'on trempe dans le sirop, le tabac étendu sur une table : on l'entasse ensuite dans une futaille d'où on le retire au bout de six jours. On l'étend de nouveau sur une table, & on l'asperse avec une livre de sel de nitre fondu dans l'eau.

Le tabac ainsi préparé doit être mis dans une chaudière un peu chaude pour le faire friser, en le remuant avec soin, dans la crainte qu'il ne se brûle, on le retire à demi-sec, & on le met dans des futailles, ou en boîtes de plomb.

On peut faire aussi du tabac à fumer, façon anglaise, avec un mélange de trois quarts feuilles de Flandre, avec un quart de Virginie, en suivant les procédés que je viens d'indiquer.

Cigares.

On peut faire des cigares avec toutes sortes de feuilles jaunes de Bischwiler, petites feuilles de Virginie ou de Hollande, en les humectant comme le Scaferlaty. On entortille autour d'un fêtu de paille long d'un quart moins que la cigare, la moindre feuille, & on la revêt d'une plus belle.

Tabacs en boudins.

Les Fileurs peuvent employer pour leurs boudins, toutes sortes de feuilles préparées comme ci-dessus, en faisant toujours attention que les tabacs indigènes doivent être plus saupoudrés de nitre que les autres, étant de nature à s'échauffer davantage.

Scaferlaty de Paris.

On emploie pour le Scaferlaty de Paris, suivant la qualité que l'on désire, des feuilles de Virginie avec des feuilles de Hollande, des feuilles de Hollande avec des savonettes de Flandre, & quelquefois des savonettes seules.

C'est le même travail que pour le scaferlaty Anglais, avec cette différence que celui de Paris doit être moins long, & coupé plus gros.

Pour humecter un quintal, vous ferez frissonner pendant une heure, dans douze livres d'eau, une demi-once anis étoilé, & pareille quantité d'essence de sassafras, de canelle rouge, & de raisin de Corinthe, avec une livre de mélasse.

Même précaution & même préparation que pour le tabac Anglais; en observant qu'il faudra arroser avec quatre livres de sel de nitre, celui composé seulement de savonettes.

D 4

Cavalier noir.

Pour faire une première qualité de Cavalier noir, il faut mélanger des savonettes de Flandre, avec une pareille quantité de feuilles jaunes de Bischwiler, non fermentées.

On les coupe avec une espèce de hache-paille, & on les arrose du sirop suivant : une livre mélasse & autant de miel : après l'avoir fait bouillir une heure, on doit y jetter une demi-once de safran, & autant de canelle blanche. Il faudra entasser les feuilles ainsi humectées ; dans une futaille d'où on les retire au bout de quatre jours.

Avant qu'il ne soit pleinement ressuyé, on tamise sur le tabac, deux jours après, une livre rouge d'Angleterre, par quintal.

Je le passais ensuite sur le feu pour lui donner de la couleur.

Pour composer ma deuxième qualité, j'employais des càboches de Virginie. Après les avoir fait écraser, je les mélangeais avec une égale quantité de feuilles jaunes de Bischwiler que je faisais couper ensemble, & je les préparais comme la première qualité.

Kanaster.

Le tabac de Hollande mélangé avec une égale quantité de Flandre, coupé de la largeur d'une ligne, long d'un pouce, & arrosé du sirop suivant, fera un kanaster agréable.

Pour un quintal :

Une liv. mélasse.

Une once anis étoilé.

Idem canelle rouge.

Une demi-once géroffle.

Même travail que pour le précédent: on l'arrose avec deux livres de nitre fondu, & on le passe sur le feu pour le sécher.

Petit Kanaster.

Je mélangeais moitié caboches de Hollande, avec pareille quantité de savonettes de Flandre. Je les humectais avec le même sirop que pour le kanaster, & après avoir tamisé dessus le sel œ nitre, je le jaunissais en le passant à la fumée de souffre.

On préféroit toujours mon petit kanaster à celui des autres manufactures.

Mais parmi mes tabacs à fumer, ceux qui étoient les plus estimés; avec raison, & que je vendais dans toute l'europe, c'étoient le Mariland, la Louisiane, & le tabac de Turquie. Je me procurais ce dernier par la voie de Marseille.

Je vais vous dire comment je préparais ces tabacs, & certes, je ne crois pas qu'on puisse mieux les faire, puisque, mis en boîtes de plomb, jamais aucun ne s'est gâté, à l'exception d'une partie que mes commis avoient placée dans une cave, dont l'humidité les a fait pourrir.

Mariland.

La feuille de tabac Mariland a peu d'âcreté qu'on lui fait passer avec facilité, en l'humectant avec le sirop dont je me servais, & qui lui donnoit une odeur exquise.

Pour un quintal.

Une livre de sucre candi, & pareille quantité de mélasse & de raisin de corinthe, une once maçis & autant de cascarille.

Je le préparais de même que les autres, en l'arrosant avec deux livres de sel de nitre.

Je vendais ce tabac mis en boîtes de plomb, douze francs la livre. J'en avais des boîtes d'un quart, mais j'en tenais une qualité inférieure également bien estimée, dans laquelle il y avoit moitié de savonettes de Flandre.

La cascarille est une écorce roulée en petits tuyaux de la largeur d'un pouce, de la longueur de deux, trois à quatre pouces, d'une, ou deux lignes d'épaisseur.

Elle est à l'extérieur d'une couleur cendrée, tirant sur le blanc, & à l'intérieur d'une couleur rouille de fer, d'une odeur aromatique lorsqu'on la brûle, & qui approche un peu de de l'odeur de l'ambre.

On l'apporte de l'Amérique méridionalie, & surtout du Paraguay.

Stiffler est le premier qui a fait mention de cette écorce. Il rapporte qu'elle lui avoit été donnée par une personne de distinction anglaise, qui lui avoit dit que c'étoit la coutume dans ce royaume, d'en mêler avec le tabac; mais qu'on devoit en user modérément, parce qu'elle enivroit.

Tabac Louisiane.

Je fesais le tabac de la Louisiane avec des feuilles de cette colonie. Je le préparais de même que le mariland. Plusieurs le préféroient à cause de sa douceur. L'ambre que j'y mêlais avec le macis, lui donnoit une odeur très-agréable.

Tabac de Turquie.

Je faisois aussi le tabac de Turquie comme le mariland, en y ajoutant gros comme une noix de bois d'aloès par quintal, au lieu de macis & de cascarille. Je coupais ces trois sortes de tabacs, comme le scaferlaty de Paris.

Il n'est pas inutile d'observer qu'en faisant les sirops, il faut avoir soin de ne pas faire bouillir les essences dont l'odeur s'évaporeroit; tandis qu'il faut faire bouillonner les bois, & graines aromatiques ou balzamiques.

Tabac à l'étoile.

C'est dans ces deux sortes de tabacs dont je vais vous parler, que j'employais surtout les caboches de Hollande ou de Virginie, que je fesais écraser, & hacher comme pour le cavalier noir.

Je mélangeais pour mon tabac à l'étoile, les feuilles de bischwiler avec pareille quantité de caboches de Virginie ou de Hollande, vendant plus cher celui où il n'y avoit que des caboches de Virginie.

Je le préparais de même que le mariland, sans y mettre de macis.

L'étoile est très en usage sur la rive gauche du Rhin, dans les haut & bas Rhin, la Meurthe, la Moselle & les Vosges, mais les fabricants de Strasbourg en ont bien moins vendu, ainsi que des trois rois, lorsqu'on a connu les miens.

Si les côtes ou caboches dont on se

sert, n'étoient pas humectées lorsqu'on
les achète, elles seroient préférables;
on peut les laver, pour faire partir
le sirop qui y auroit été mis, & bien
les sécher ensuite; précaution inutile
pour la poudre.

Trois-Rois.

Je composais la première qualité
comme le tabac à l'étoile. Dans la seconde qualité que je mettais en paquets plats, je n'y mélangeais que des
caboches de Hollande avec des feuilles
bischwiler, & dans la troisième que
je mettais en paquets ronds de six
pour la livre, je ne mélangeais que des
caboches de Flandre avec des feuilles
jaunes de bischwiler.

Il y a d'autres tabacs à fumer, tels
ue le varinas, le lyon rouge & noir.
Mais pourquoi tant de sortes de Tabacs?
je crois en avoir assez fait connoître
d'espèces.

J'engagerai seulement les fabricans,

en finissant ce Traité , à prendre la
précaution de ne jamais mettre leurs
tabacs en paquets, que quand l'humidité en sera sortie, & d'avoir soin de
les placer dans un endroit sec, à l'abri
du hâle & du soleil.

Lorsque les fabricants auront pu juger de
mon ouvrage , ils pourront me consulter sur
la manière de faire le commerce , je les
satisferai avec plaisir. Mais ils sentiront que
je ne puis leur indiquer des moyens d'ag-
grandissement, des spéculations avantageuses,
pour le prix auquel cet ouvrage est fixé :
je ne les ai connus qu'aux dépens de ma
fortune , dont la perte me met hors d'état
de continuer le commerce pour le moment.

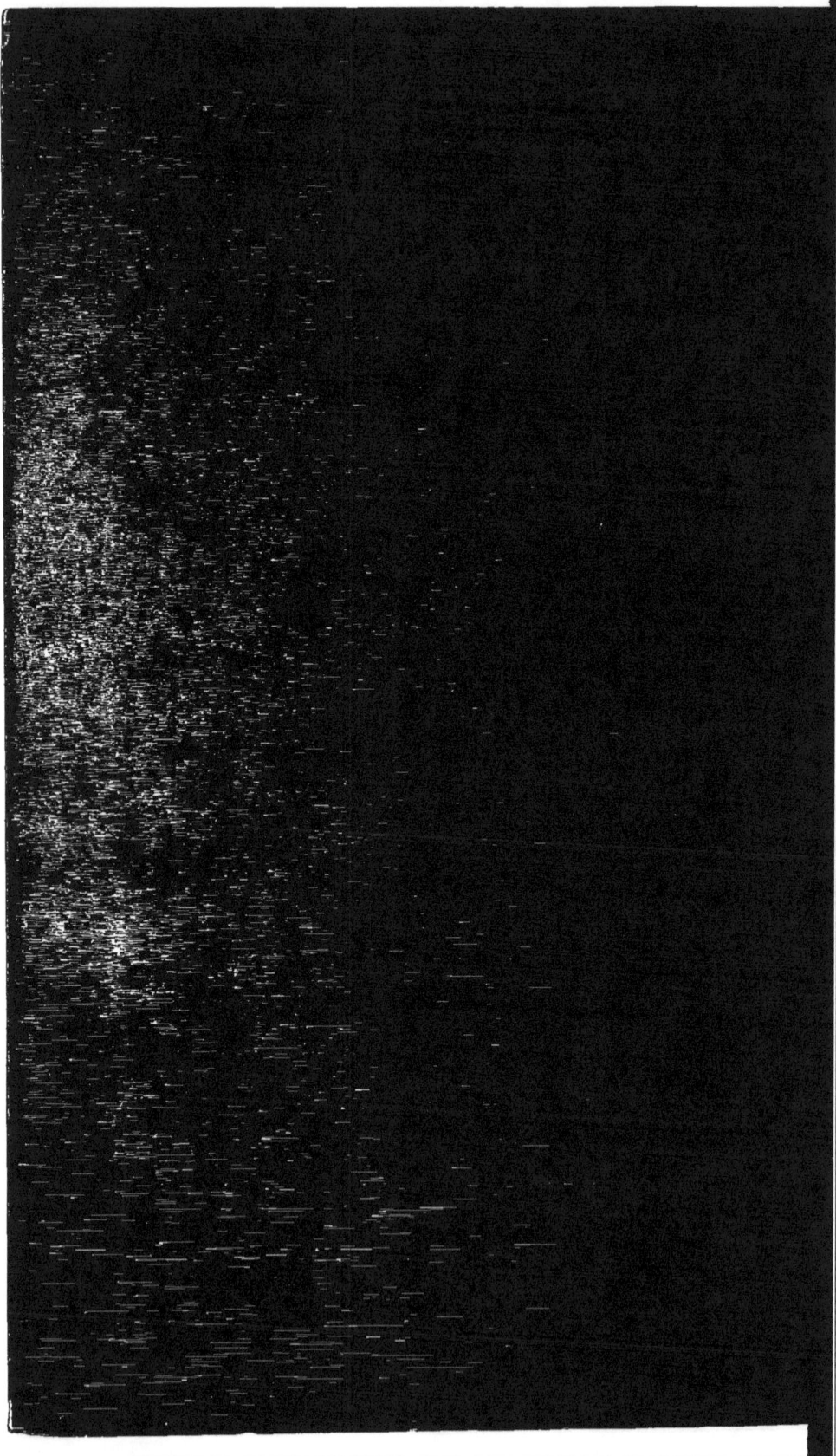

www.ingramcontent.com/pod-product-compliance
Lightning Source LLC
Chambersburg PA
CBHW070805210326
41520CB00011B/1840